漾濞县核桃气候与风险区划

陈靖溢　主编

气象出版社
China Meteorological Press

内容简介

漾濞彝族自治县是中国核桃之乡，适宜的气候和对气象灾害的防控是保证核桃优质增产的关键因素。本书应用GIS技术，分析漾濞县农业气候资源空间分布特征及其对核桃生长的影响，作出了漾濞县核桃气候适宜性区划；分析漾濞县作物干旱灾害风险程度的地区差异，对漾濞县核桃干旱灾害进行了风险评估并作出了风险区划，同时提出了风险防控对策建议。

图书在版编目(CIP)数据

漾濞县核桃气候与风险区划 / 陈靖溢主编. — 北京：气象出版社，2019.9

ISBN 978-7-5029-7054-3

Ⅰ.①漾… Ⅱ.①陈… Ⅲ.①核桃-种植业-农业气象-气候区划-研究-漾濞彝族自治县 Ⅳ.①S664.1

中国版本图书馆CIP数据核字(2019)第201954号

漾濞县核桃气候与风险区划

陈靖溢 主编

出版发行：气象出版社

地　　址：北京市海淀区中关村南大街46号　　**邮政编码**：100081

电　　话：010-68407112(总编室)　010-68408042(发行部)

网　　址：http://www.qxcbs.com　　**E-mail**：qxcbs@cma.gov.cn

责任编辑：郭健华　栗文瀚　　**终　　审**：吴晓鹏

责任校对：王丽梅　　**责任技编**：赵相宁

封面设计：博雅思企划

印　　刷：北京建宏印刷有限公司

开　　本：710 mm×1000 mm　1/16　　**印　　张**：2.875

字　　数：50千字

版　　次：2019年9月第1版　　**印　　次**：2019年9月第1次印刷

定　　价：25.00元

编委会

主　编：陈靖溢

参　编：严天鹤　李建明　李晓斌　陈锦伦

杨立文　朱博楠　杨昌明

目　录

1

漾濞县概况

1.1 地理位置

漾濞彝族自治县是中国核桃之乡，位于云南省西部、大理州中部，东邻大理市、巍山彝族回族自治县，西连永平、云龙二县，南交昌宁县，北接洱源县，境跨 25°12′—25°54′N、99°36′—100°07′E。辖区属横断山脉滇西高山峡谷区，山地占总面积的 98.4%，地域北宽南窄，版图略呈蘑菇形状，东西最大水平距离 53 km，南北最大水平距离 79 km，总面积 1860 km^2。

1.2 自然概貌

漾濞境内地形起伏较大，境内最高点为东北部点苍山马龙峰，海拔 4122 m，最低点在南境羊街河入漾濞江的汇流处，海拔 1174 m，地势由北向南渐次降低，北部山势陡峻，岭谷高差在 2000 m 以上，南部山势平缓，岭谷高差小于 2000 m（图 1.1）。

1.3 气候概况

漾濞属于亚热带和温带高原季风气候区，冬无严寒，夏无酷暑，气候温和，四季分明，雨量充足。春季回暖早、升温快；夏季多雨，日照微欠；秋季湿润，降温明显；冬季干燥，易有霜冻。年平均气温 16.4℃，最冷月平均

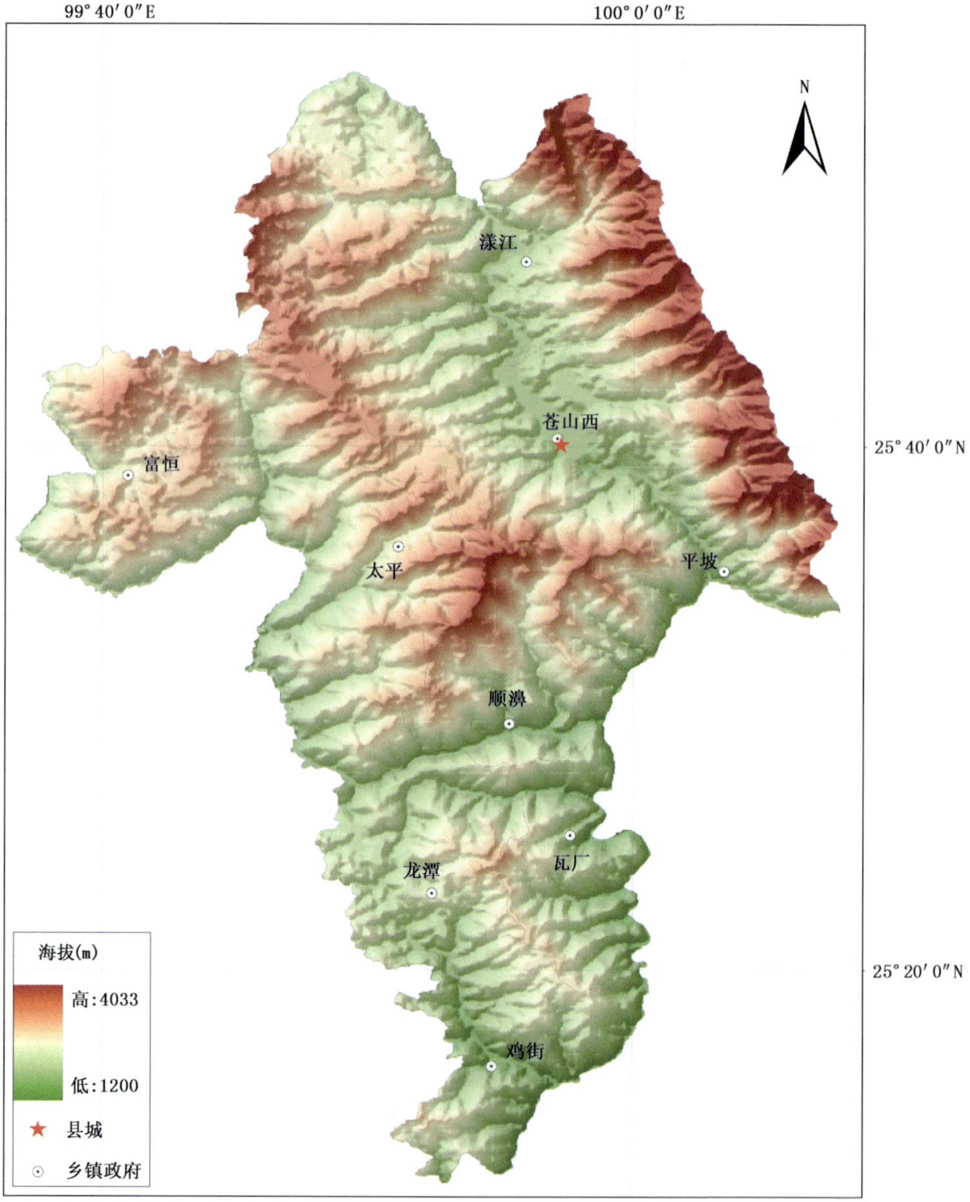

图 1.1 漾濞县地形分布

气温 9.1℃，最热月平均气温 22.1℃，历年极端最低气温为－2.9℃(1999 年 12 月 27 日)，极端最高气温为 35.4℃(2015 年 6 月 4 日)。年平均降雨量 1029.1 mm，其中 5—10 月降雨量 918 mm，占全年降雨量的 89.2%。

2

漾濞县核桃种植及气象灾害发生概况

2.1 漾濞县核桃种植情况

漾濞核桃，驰名中外。漾濞核桃种植历史达3000多年，漾濞核桃以其果大、壳薄、仁白、味香、出油率高、营养丰富而誉满中外。通过多年努力，核桃产业在发展中获得了“全国质量评比第一”“全国县级人均占有量第一”“中国核桃之乡”“中国名特优经济林核桃之乡”“漾濞大泡核桃原产地”“漾濞大泡核桃良种认证”等多项荣誉。据《南诏通记》记载，有宋代段思平“获商人遗以核桃一笼”之事，可知远在1000多年前的大理一带已将核桃作为商品。康熙《云南通志》卷十记载“核桃大理漾濞者佳”。《滇海虞衡志》记载“核桃以漾濞江为上，壳薄可捏而破之”。由此可见，早在清朝以前，漾濞江流域已培育出闻名遐迩的漾濞大泡核桃。

截至2016年年底，全县种植面积达107万亩（1亩＝1/15 hm^2，下同），年产量近4.6万t，产值近9.46亿元。全县9个乡镇65个村委会都有核桃种植，种植核桃的村民小组有607个，占全县村民小组的95.4%，种植核桃农户22159户，占全县农户24967户的89.5%，农民人均拥有核桃树近100余株。

2.2 漾濞县农业气象灾害情况

核桃的生长发育需要大量的水分，尤其是果实发育期要有充足的水分供应。土壤过度干旱，容易引起大量落花落果、叶片凋萎，从而减少营养物质的制造和积累、果子小。反之，土壤水分过多，造成通气不良，根系窒息、腐烂，地上部生长不良，甚至死亡。秋季降水过多，常引起外果开裂、核壳内的种皮变成棕褐色、发霉，影响核果品质。

综合考虑到21世纪以来漾濞县大力发展核桃产业的人为因素，气象条件的分析截止到产量突然大幅增加的2002年，以便客观反映单产（表2.1）。结合产量分析，1964年出现了重霜冻和春季低温，干旱灾害从冬季持续到初夏；1975年的冬春季干旱较为突出，主要减产的气象因素在于冬春季降水不足；1979年的主要气象灾害同样是干旱，冬旱及初夏旱明显；1986年的主要气象灾害是春季低温及从冬季持续到初夏的干旱；1995年的气象灾害主要是春季干旱；1996年的气象灾害主要是冬旱；1997年的气象灾害主要是冬旱和初夏旱；1999年和2001年出现了冬旱和春旱。从灾害类型分布看，出现冬旱概率最大，为1.9年一遇；春旱初夏旱出现概率次于冬旱，为2.7年一遇；历史上未出现夏旱，秋旱发生概率较低，为14.3年一遇；夏季洪涝出现概率较大，为3.4年一遇；核桃生长发育期低温霜冻概率为10年一遇；春季低温冷害天气概率为10年一遇。综上所述，漾濞县干旱灾害出现的频率较高，对漾濞县核桃产量的影响比较明显；低温灾害的影响不如干旱突出，大风、冰雹灾害的影响又比低温小。

表2.1 漾濞县核桃产量与气象要素关系

年份	产量（万kg）	春季低温	冰雹次数	大风日数(d)	冬旱	春旱	初夏旱	夏季洪涝	霜冻（2月中下旬）
1961	101		1	1				有	
1962	101		0	1			有	有	
1963	123		1	1	有	有			
1964	96	有	0	3	有	有	有		重
1965	122		1	1	有				
1966	155		1	2		有	有	有	
1967	133		2	15				有	
1968	125	有	1	7			有		有
1969	107		2	4	有	有		有	

续表

年份	产量（万 kg）	春季低温	冰雹次数	大风日数(d)	冬旱	春旱	初夏旱	夏季洪涝	霜冻（2月中下旬）
1970	89		0	6					
1971	130		1	0		有	有	有	有
1972	85		2	5	有				有
1973	98		0	13	有	有			
1974	116		2	7				有	
1975	70		0	9	有	有			
1976	73		0	6	有				
1977	123		0	5	有		有		
1978	111		0	11	有	有		有	
1979	51		0	9	有		有		
1980	85		0	11		有			
1981	144		1	12					
1982	130		2	13	有		有		
1983	138		2	3			有		
1984	200		0	4		有			
1985	166		0	4	有			有	
1986	128	有	0	3	有	有	有		
1987	215		0	1	有				
1988	235		0	4	有		有		
1989	200		0	6	有		有		
1990	147		0	10					
1991	162	有	1	6			有		
1992	238		0	9	有		有		
1993	249		0	10				有	
1994	260		0	12	有		有		
1995	203		0	2		有		有	
1996	208		1	2	有				
1997	218		1	4	有		有		
1998	208		0	4				有	
1999	208		0	7	有	有		有	
2000	224		0	2					
2001	225		0	2	有	有			

3

技术方法

3.1 项目技术路线

项目全面应用先进的GIS技术，同时还利用地面调查资料、农业气候区划研究等相关成果以及前人工作成果，以提高项目运行的可行性和可操作性。技术路线见图3.1和图3.2。

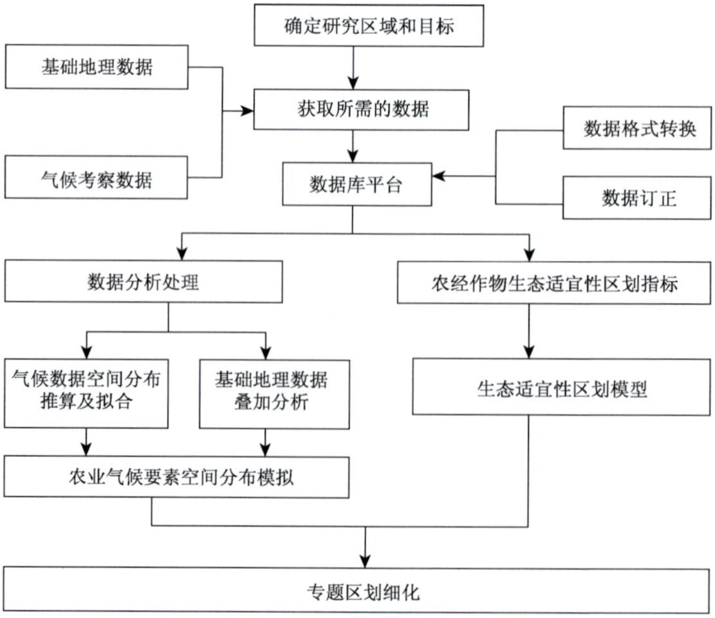

图 3.1 漾濞县农业气候资源区划细化技术路线

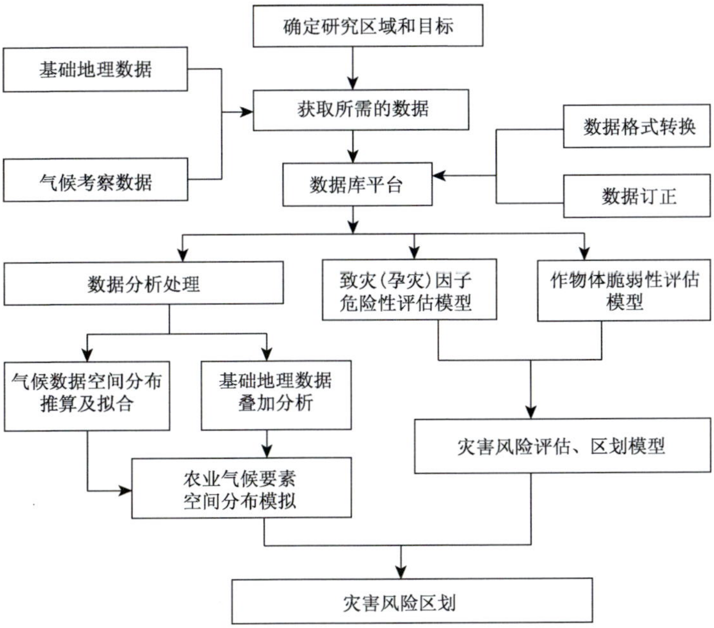

图 3.2 漾濞县主要农业气象灾害风险区划技术路线

3.2 关键技术

3.2.1 基于 GIS 技术的漾濞县高分辨率气候要素空间分布精细化模拟

为弄清农业气候条件对漾濞县农经作物及其种植适宜性的影响，按照气候学基本原理，使用标准时段的气候资料和各种地理信息数据（经纬度、海拔、坡向和坡度等），通过数理统计分析方法，建立农业气候要素的统计模拟模型；在 GIS 平台下，应用农业气候要素空间分布拟合模型，实现细网格化农业气候要素空间分布的拟合分析。由于漾濞县境内地形复杂，气候类型多样，气象站点少，气象数据资料相对短缺，给模型的建立和气象要素空间分布模拟精度的提高带来许多困难和问题，模型的建立和在生产实际中的验证具有较大难度。

3.2.2 农业气候区划细化报告制作方法

分析漾濞县农业气候资源空间分布特征及其对核桃生长适宜性的影响，并结合当地社会经济条件和农业生产发展水平等因素对漾濞县农业气候资源可持续发展能力进行综合性评价，作出漾濞县核桃气候适宜性区划报告。

4 数据来源

4.1 数据收集

(1)基础地理数据:基础地理数据是空间型的基础数据集,它是将国家基本比例尺地形图上各类要素包括水系、境界、交通、居民地、地形、土地利用等按照一定的规则分层,按照标准分类编码,对各要素的空间位置、属性信息及相互间空间关系等数据进行采集、编辑和处理建成的数据集。本项目中所使用的基础地理数据为中国气象局统一下发的 1∶25 万基础地理信息数据,数据包括矢量型的地形要素数据和栅格型的数字高程模型数据(DEM)。主要包括漾濞县 1∶25 万县乡行政边界、水系、铁路、公路、居民点等。

(2)气象水文资料:气象数据及气候考察数据来自漾濞县气象局和云南省气象局,气象数据包括漾濞县及周边的气象观测站 30 年(1981—2010 年)的逐月地面气象资料,包括平均气温、极端最低气温、日照时数、降水量、相对湿度、总云量和低云量等。

(3)农业生产资料:漾濞县主要农经作物历年种植面积、产量及品质状况。

(4)灾情资料:主要包括漾濞县及周边县市 1981—2010 年的灾情统计资料。

4.2 数据处理

4.2.1 基础地理数据处理

主要涉及地理数据格式转换、数据拼接、裁剪、融合、坡度、坡向计算等资料整理工作。

拼接：通过系统的拼接功能，将一个数据集中相邻的数据拼接为一个完整的目标数据。

裁剪：通过系统的裁剪功能，从整个数据集中裁剪出部分区域，以便获得所需要的研究区域相关数据信息。

坡度的提取：坡度是表征地表单元陡缓的程度（图 4.1），通常表示方法有百分比法、度数法两种。

$$坡度百分比=(上升变化值/前行变化值)\times 100\%$$

$$\tan\theta=上升变化值/前行变化值$$

式中，θ 为坡度度数。

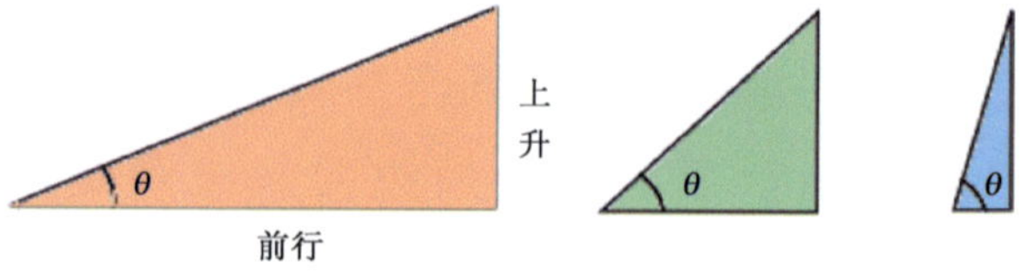

图 4.1 坡度与坡比

坡向：指地表面上一点的切平面法线矢量在水平面上的投影与过该点的正北方向的夹角。在本研究中规定正北方向为 0°，按顺时针方向计算，取值范围为 0°～360°（图 4.2）。

山影：即山体阴影，是根据假想的照明光源对高程栅格图的每个栅格单元计算照明值。山体阴影可以很好地表示地形的立体形态，且可以方便提取地形遮蔽信息。其计算过程中包括三个重要参数：太阳方位角、太阳高度角和表面灰度值。在本研究中为符合视觉习惯，太阳方位角取值为 315°(图 4.3 左)，即光线来自西北方向；太阳高度角取 45°(图 4.3 右)；表面灰度的取值范围为 0～255。

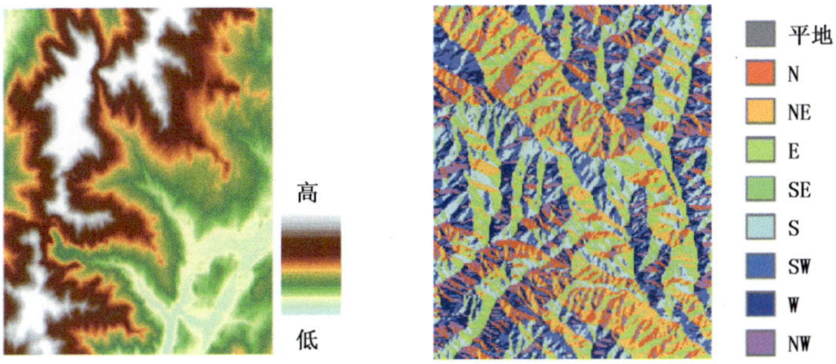

图 4.2 通过 DEM 提取的地表坡向

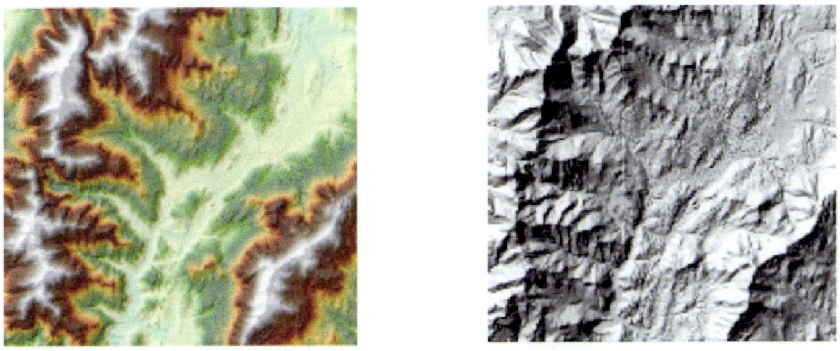

图 4.3 DEM 在 315°太阳方位角(左)、45°太阳高度角(右)时的山影

山脊线：山顶点的联线称为山脊线，山脊线具有分水线的特征。

山谷线：谷底点的联线称为山谷线，山谷线具有汇水线的特征。

4.2.2 气象、经济等数据处理

为了消除指标之间的量纲差异，对每一个指标进行归一化处理：

$$x_i = (x_i - x_{i,\min})/(x_{i,\max} - x_{i,\min})$$

式中，($x_{i,\min}$)和($x_{i,\max}$)分别为某指标 x_i 的最小值和最大值。

5 区划指标

5.1 漾濞县核桃种植气候适宜性区划指标

云南核桃是落叶乔木，阳性树种。树枝开张，分枝较多，树冠呈心形或半圆球形。树皮深灰色，呈不规则深纵裂。核桃结果年龄因繁殖方法不同而异：实生核桃一般 10 年以后结果；嫁接繁殖的一般 3～5 年结果，如接穗是结果枝，嫁接当年即可结果。漾濞核桃从开花至采收经历约 159 天，到自然成熟要 170 天左右。

从云南省核桃的垂直分布来看，纬度越低，垂直分布范围越小；纬度越高，垂直分布范围越大。全省核桃分布虽然在海拔 700～3250 m，但其中，以海拔 1800～2200 m 范围内生长的核桃长势较好，发育正常，病虫害少，产量高，质量好。云南省核桃分布区的年平均气温为 6.1～20.6℃，其中以 12.4～15℃较适宜，冬季当气温下降到－10℃左右时，核桃幼树枝条会受冻害，尤其是引种的泡核桃嫁接苗。核桃的生长发育需要大量的水分，尤其是果实发育期要有充足的水分供应。土壤过度干旱，常会引起大量落花落果，或叶片凋萎，从而减少营养物质的制造和积累。云南核桃主产区的降水量一般在 800～1000 mm 之间，如果分布均匀，一般能满足核桃生长发育的需要，但对于春季、初夏干旱和新植幼树缺水的地点需作适当灌溉。

综合考虑漾濞县的气候特点和核桃的生理习性，确定作物区划指标，如表 5.1 所示。

表 5.1 漾濞县核桃气候适宜性区划指标

区划等级	海拔(m)	年平均气温(℃)	年降水量(mm)
最适宜区	1800～2200	12.4～15.0	800～1000
适宜区	1600～1800 或 2200～2400	15～16.5 或 12.0～12.4	700～800 或 1000～1100
次适宜区	1000～1600 或 2400～3000	16.5～22.0 或 8.0～12.0	500～700 或 1100～1400
不适宜区	<1000 或>3000	>22.0 或<8.0	<500 或>1400

5.2 核桃干旱灾害风险区划指标

作物干旱是指在当前的农业生产水平条件下，较长时段内因降水量比常年平均值特别偏少，影响农作物正常生长发育而造成损害的一种农业气象灾害。干旱通常分为大气干旱、土壤干旱和生理干旱。作物干旱是影响中国大部分地区的严重气象灾害，也对漾濞县核桃的种植和生产有严重影响。

干旱对农业生产的影响和危害程度与其发生季节、时间长短以及作物所处的生育期有关。按发生的季节，干旱可分为春旱、夏旱、秋旱和冬旱。春旱(3—5 月)特点是低湿、缺雨或少雨、气温不高，并伴有使土壤变干的冷风，主要影响春播。夏旱(7—8 月)特点是太阳辐射强、高温低湿、蒸发和蒸腾量大。夏季正是作物生育旺盛期，所以夏旱对作物危害较大。秋旱(8 月—9 月下旬)特点同于夏旱，但强度稍小，秋旱对作物灌浆影响很大。冬旱(12 月—次年 1 月)特点是降水少、大风多、温度低、湿度小。干旱危害作物的机制，主要是使作物体内的水分平衡遭到破坏，从而使作物呈现萎蔫(暂时萎蔫或永久萎蔫)并遭受到一系列伤害。从作物的生育特点来看，有三个时期危害最大，即作物的水分临界期、各类作物的灌浆成熟期、作物播种期。干旱轻者影响农作物正常生长发育，重者导致作物死亡，使农作物减产或失收。

本研究基于作物需水与自然降水间差距造成灾害的原理，分析漾濞县作物干旱灾害风险程度的地区差异并建立综合的灾害风险指数作为指标，结合 GIS 技术，对漾濞县核桃干旱进行了风险评估，并做出风险区划，为漾濞县核桃的种植趋利避害、减灾和抗灾服务提供一定的参考。

5.3 干旱风险灾害风险评估方法和模型

从致灾因子危险性和孕灾环境敏感性两个方面建立作物干旱风险灾害风险指数，再用自然断点分级法获得干旱灾害风险等级，其模型为：

$$\text{作物干旱风险指数}=\omega_1\times\text{作物受旱关键期干旱指数}+\omega_2\times\text{孕灾环境敏感性指数}$$

式中，权重系数 ω_1、ω_2 取值分别为 0.7、0.3。

5.3.1 作物水分亏缺指数

作物水分亏缺指数(K)，即作物需水关键期水分供给量(自然降水)与需水量(作物同期参考需水量)的比值：

$$K=\frac{R}{E_{tc}}$$

式中，E_{tc}为需水量，R 为 30 年同期平均降水量。

$$E_{tc}=E_{t0}\times K_c$$

式中，E_{t0}参考作物蒸腾量，K_c 为作物系数，采用 Hargreaves 计算公式进行估算：

$$E_{t0}=C_0(T_{max}-T_{min})^{0.5}(T+17.8)R_a$$

式中，T_{max}是最高温度(℃)，T_{min}是最低温度(℃)，T 是平均温度(℃)，R_a是外空辐射($MJ\cdot m^{-2}\cdot d^{-1}$)，$C_0$ 是转换系数，当 R_a 以 $mm\cdot d^{-1}$为单位时，$C_0=0.0023$，而当 R_a 以 $MJ\cdot m^{-2}\cdot d^{-1}$为单位时，$C_0=0.000939$。

5.3.2 作物受旱关键期干旱指数

作物受旱关键期干旱指数，即作物多个需水关键期作物水分亏缺指数经加权处理后的综合加权水分亏缺指数：

$$Q = \sum_{i=1}^{n} C_i K_i$$

式中，Q 为作物受旱关键期干旱指数，K_i 为作物受旱关键期内各月水分亏缺指数，C_i 为权重系数。

5.3.3 核桃致灾气候因子分析

漾濞冬季（上年 11 月、12 月和当年 1 月）常年降水量 51.1 mm，降水量的相对变率达 91.7%，少的年份仅有 3.1 mm，多的达 179.9 mm，冬季降水对核桃产量的影响表现最为明显，这种影响超过 3 月、4 月、5 月、6 月和 8 月降水的影响。冬季降水量与核桃产量之间具有 $r(0.689) > r(0.01) = 0.661(62-75)$ 和 $r(0.427) > r(0.05) = 0.423$ 的显著正相关，所以，冬季降水量多的年份有利于核桃增产，反之，降水稀少，干旱严重的年份核桃就要减产。冬季干旱，土壤水分含量低，主要是导致光合气孔关闭，对 CO_2 吸收减少，并留下了在果实生长季节的光合强度低的后遗症。据此确定冬季（上年 11 月、12 月和 1 月）为漾濞核桃受旱关键期。

需水关键期权重系数采用专家打分法，通过征询有关专家的意见，对专家意见进行统计、处理、分析和归纳，客观地综合多数专家经验与主观判断，经过多轮意见征询、反馈和调整后，对相关因素做出合理估算。经征询相关专家意见，确定权重系数见表 5.2。

需水关键期的作物系数按 FAO-56 推荐的标准作物系数及估算方法进行估算，如表 5.2 所示。

表 5.2 核桃干旱关键期各月权重系数

作物	干旱关键期	权重系数	作物系数
核桃	11 月	0.2	0.7
	12 月	0.4	1.15
	1 月	0.4	1.0

5.3.4 干旱灾害孕灾环境敏感性指数

孕灾环境敏感性主要考虑坡度因子，即孕灾环境敏感性指数＝坡度标准化值。坡度分级标准和得分见表 5.3。

表 5.3 地面坡度分级标准及得分

分区	得分	坡度(°)
平地	1	<2
微斜坡	0.8	2～5
缓斜坡	0.6	5～15
斜坡	0.4	15～25
陡坡	0.2	≥25

5.3.5 干旱灾害风险区划指标

根据作物受旱关键期干旱风险指数可以将作物干旱灾害风险分为 4 个等级：低风险、中风险、次高风险和高风险。具体划分指标如表 5.4 所示。

表 5.4 核桃干旱风险指数与干旱等级的关系

等级	核桃干旱关键期干旱指数 Q
低风险	$Q>0.68$
中风险	$0.68\geq Q>0.44$
次高风险	$0.44\geq Q>0.32$
高风险	$Q\leq 0.32$

6

基于 GIS 的漾濞县气候要素细网格推算

6.1　气候背景要素推算

选用漾濞县气象站和县内已建成的 10 个六要素区域自动站作为指标站，利用 11 个指标站的散点气象数据，运用水文学、生态学和气象学等学科理论建立各个气候要素推算模型，基于 GIS 技术生成任意空间尺度上各个气象要素的时空分布状况。

6.1.1　年平均气温

温度是植物生长生活的基本条件之一，不仅影响作物的生长分布界限和区域，而且影响作物的发育速度，从而影响作物发育出现的早迟和全生育期的长短，最终影响产量。漾濞县 11 个指标站的年平均气温如表 6.1 所示，全县平均气温分布如图 6.1 所示。

表 6.1　漾濞县 11 个指标站的年平均气温(单位:℃)

站点	光明	富恒	瓦厂	龙潭	漾江	太平	鸡街	顺濞	平坡	苍山西	漾濞
年平均气温	14.0	14.4	17.5	15.3	15.6	12.5	18.3	18.3	18.0	17.2	16.4

6.1.2　年日照时数

山地日照时数既要考虑地理纬度、太阳赤纬的影响，又要考虑海拔高度、坡度、坡向等地形因子及周围地形相互遮蔽的影响，还要考虑大气影响的实际日照时数。在山区，到达坡地的日照时数除受坡地本身坡度、坡

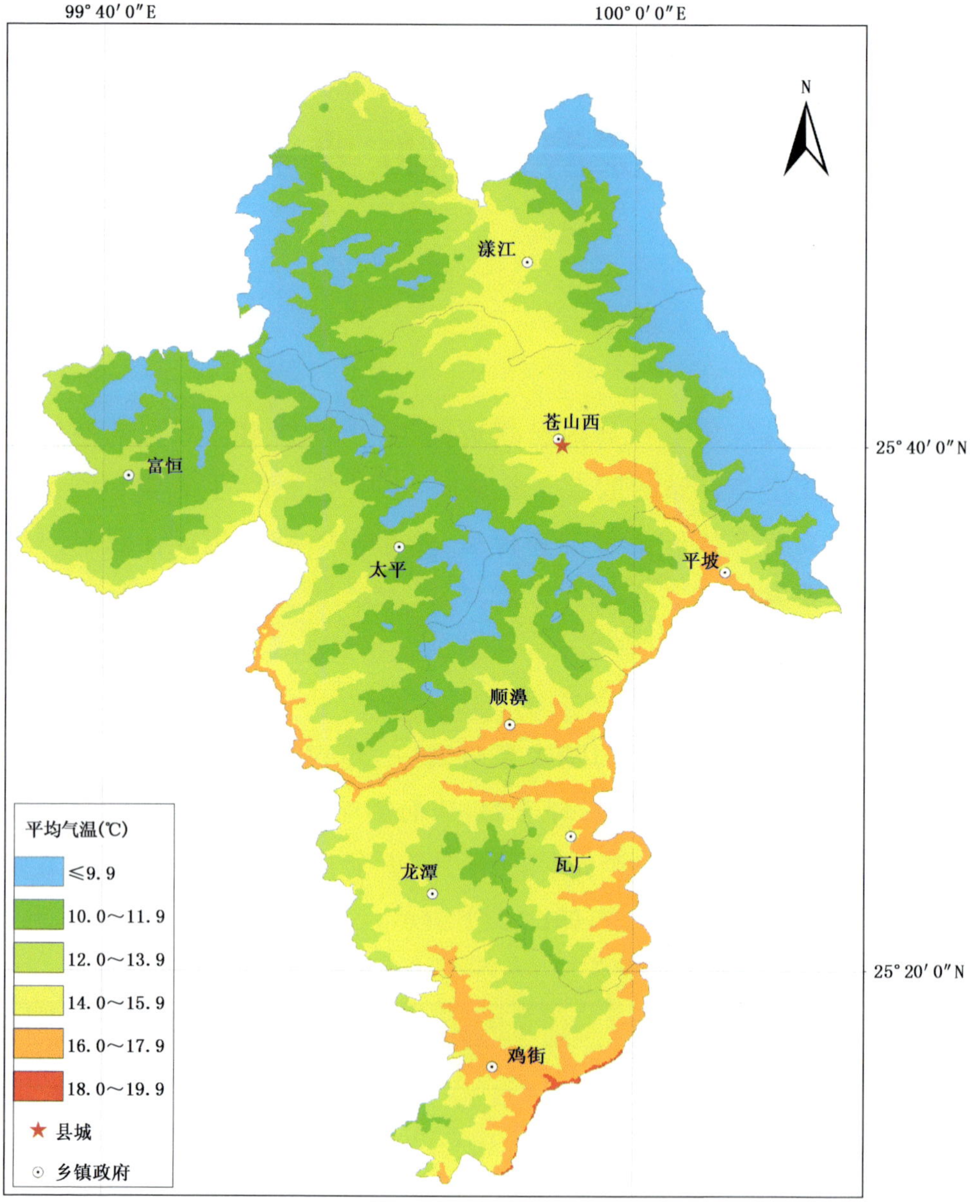

图 6.1 漾濞县平均气温分布

向影响外,周围地形的遮蔽作用更会强烈地影响局地日照时数的分布。

近年来地理信息系统和遥感等现代空间信息技术的发展,为计算山地日照时数提供了全新手段。目前利用数字高程模型(DEM)计算山地日照时数的方法已被广泛应用。这种方法比传统的方法最大的进步就是考虑了地形对日照的遮蔽作用,剔除了由于地形遮蔽作用造成的误差。

漾濞县年日照时数分布如图 6.2 所示。

6.1.2.1 起伏地形中的任一点实际可照时间计算模型

"可照时间"一般有两种含义,即天文可照时间(不考虑大气影响和地形遮蔽的最大可能日照时间)和地理可照时间(考虑地形遮蔽而不考虑大气影响的可能日照时间)。本节计算的山地日照时数是既考虑大气影响又考虑地形遮蔽的日照时数。实际起伏地形中的任一点 P 在任一天的日照时数 T_r 可表示为:

$$T_r = T_k \times S$$

式中,T_k 为地理可照时数,S 为日照百分率。P 点的日照百分率以各气象站日照百分率为样本通过反距离权重(IDW)插值得到。

6.1.2.2 任意一天天文可照时间计算模型

对于起伏地形中的任一点 P,根据从 DEM 数据中读取的纬度值,可利用公式 $\omega_0 = \arccos(-\tan\varphi\tan\delta)$ 计算与该点同纬度水平面上一年中任一天的日出日没时角。式中,ω_0 为太阳时角,φ 为纬度,δ 为太阳赤纬。太阳赤纬又称赤纬角,是地球赤道平面与太阳和地球中心的连线之间的夹角。一年内任何一天的赤纬角 δ 可用公式:

$$\sin\delta = 0.39795\cos[0.98563 \times (N - 173)]$$

计算。式中,N 为积日,所谓积日,就是日期在年内的顺序号,1 月 1 日其积日为 1。在当地时间正午 12 时太阳时角为 0°,所以全天可照时间的太阳时角步长为 $2\omega_0$,每 1 小时太阳时角步长为 15°,所以 P 点一天的天文可照时间为 $T_P = \frac{2\omega_0}{15}$。

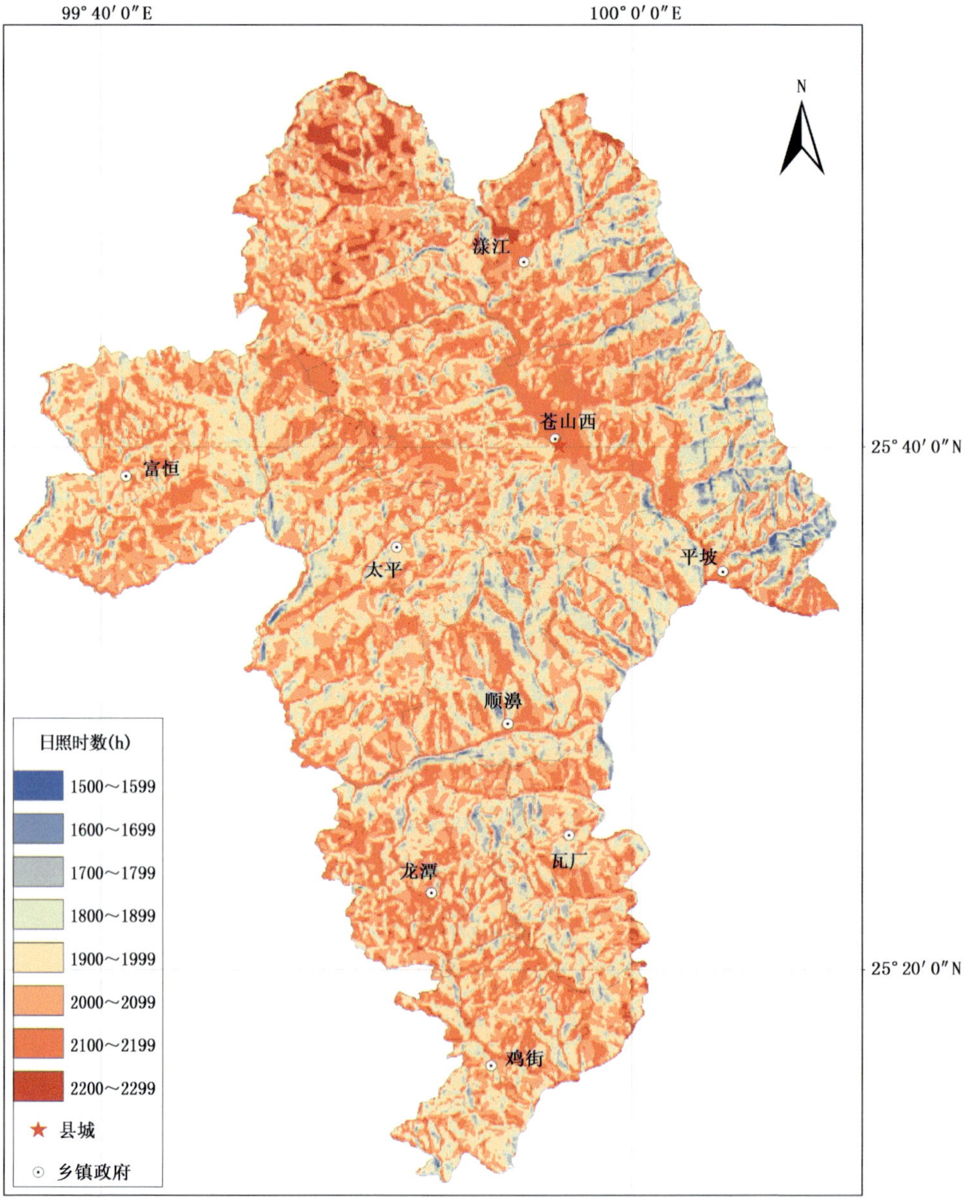

图 6.2 漾濞县年日照时数分布

6.1.2.3 地理可照时间计算模型

实际地形中，一天中任意时刻 P 点可照与否，主要由该时刻的太阳高度角和方位角以及太阳方位角方向上的地形对 P 点造成的遮蔽角决定。当太阳高度角大于地形对 P 点造成的遮蔽角时，P 点得到日照；当太阳高度角小于地形对 P 点造成的遮蔽角时，P 点被遮蔽，得不到日照。以 P 点为起点，沿太阳方位角 Φ_i 方位作直线 L_i，根据太阳高度角 h_i 和直线 L_i 方向上各点的高程即可确定该时刻周围地形对 P 点的遮蔽状况 a_i。当直线 L_i 方向上各点的高程均对 P 点不造成遮蔽时，记 $a_i=1$，表示 P 点可照；反之，只要有一点高程使 P 点不可照，记 $a_i=0$，表示 P 点受地形遮蔽。把全天可照时间平均划分为 n 个时段，则有 $n+1$ 个遮蔽情况 a_i。任意时刻太阳高度角 h_i 和太阳方位角 Φ_i 为：

$$\sin h_i = \sin\varphi\sin\delta + \cos\varphi\cos\delta\cos\omega_i$$

$$\cos\Phi_i = \frac{\sin h_i \sin\varphi - \sin\delta}{\cos h_i \cos\varphi}$$

每个时段的遮蔽系数 g_i 为：

$$g_i = \frac{a_i + a_{i+1}}{2}$$

P 点遮蔽系数越大，则受到周围地形的遮蔽越少。全天地理可照时数 T_k 为：

$$T_k = \frac{T_P \sum_{i=1}^{n} g_i}{n}$$

6.1.3 年降水量

降水量是水资源评估的重要依据。在水文学、生态学和气象学等学科的研究中又是各种研究模型的重要因子。但由于人力、财力等各种原因的限制，气象站点的布设往往是有限的，而有限的站点在空间上的布局又不尽合理。从有限的气象站、不尽合理的空间布局获取的站点观测气象数据难以满足人们对气象要素在空间尺度上时空变异性精确表达的要求，就需要根据测站所获得的资料求出整个平面的降水信息，这就涉及插值问题。目前一种有效的空间插值技术，可利用已有的散点气象数据生成任意空间尺度上的气象要素的时空分布状况。在众多的气象要素空间插值方法中，有的体现了空间几何距离的权重计算，如最近距离法、反比距离加权法等；有的体现了一系列空间数据的相互统计关系如趋势面法、多元回归法。空间统计方法中的 Kriging 插值方法由于能提供最佳线性无偏估计而被广泛运用，但这些方法都不能很好地反映地形地貌对气象要素的影响。

为力求最大限度地利用现有资料提取降水信息，准确地表现降水量分布情况，对一定区域内水资源进行整体评价，我们结合在日常业务工作对降水量资料时空分布及精度的要求，对 DAYMET 和 PRISM 模型进行综合与改进，提出了精度能较好满足业务服务工作要求、时效性强的旬月尺度降水进行空间插值计算的方法：在一个半径上限固定但可自动伸缩的信息圆（移动信息窗）内，对于任一欲插值的网格点，选择与其距离最近、对它影响最大的 n 个测站作为信息来源。对测点降水与海拔高程进行回归建模，并对距离权重方法进行改进，同时考虑测站方位的影响，对降水的空间进行插值。

对于任一欲插值的网格点 J，搜索与其距离最近、影响最大的 n 个（一般取 15）测站作为信息来源，以海拔、经纬度、方位因子等作为环境参数。根据观测站点的海拔与降水量观测值采取线性回归方法，建立海拔与降水量之间的回归方程，同时引入距离、方位权重，依托地理信息系统技术（GIS）、移动开窗技术集成来实现并完成降水的空间插值。

漾濞县 11 个指标站的年降水量如表 6.2 所示。

表 6.2　漾濞县 11 个指标站的年降水量（单位：mm）

站点	光明	富恒	瓦厂	龙潭	漾江	太平	鸡街	顺濞	平坡	苍山西	漾濞
降水量	987.4	1100.1	866.1	855.5	933.4	1090.8	697.3	811.3	978.4	1043.5	1029.1

6.1.3.1　权重函数

(1)距离权重的计算。在信息圆搜索距离确定的情形下，测点与插值点间的距离对插值点估算值的影响，给出权重取值与距离的关系式：

$$D_i = \begin{cases} 0 & d_i > R_P \\ \exp\left[-\left(\dfrac{d_i}{R_P}\right)^2 \alpha\right] - \mathrm{e}^{-\alpha} & d_i \leqslant R_P \end{cases}$$

式中，R_P是相对于插值点 P 的搜索半径，α 是无量纲整形参数。R_P 的大小依赖于站点密度。为保证插值精度，必须有足够的站点数目。由此可见，信息圆的半径是伸缩的，R_P 是一个变化的量，它随格点周围测站分布密度的不同而变化。本项目中的插值站点数目为 15。

(2)方位权重的计算。考虑到漾濞县地处低纬高原，大部分地区受季风影响。不同方位的插值站点对插值点的影响除距离因素外，其所处方位也将对插值结果产生影响：测点 $P_i(i=1,2,3,4)$ 对于格点中心 P 分布如图 6.3 所示，四个点相对于点 P 的距离相等，但是 P_4 点相对于其余三点要独立得多。显然，PP_4 虽然与 PP_1、PP_2 的距离相同，但是空间位置不同，其对点 P 的影响就有差异。因此，本项目引入方位权重来表示插值站点的不同方位对插值结果的影响。

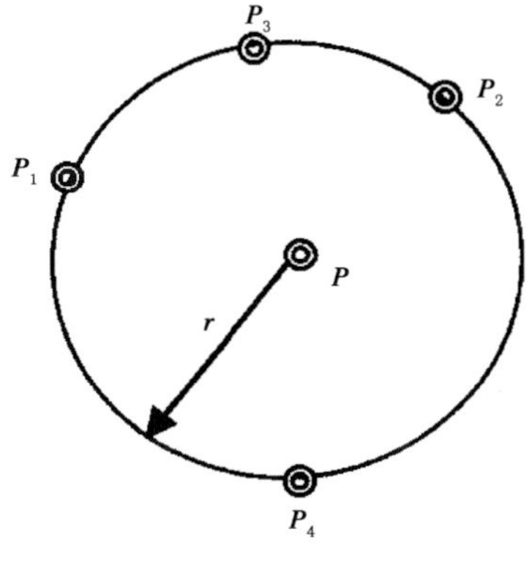

图 6.3　不同方位的观测点公布对估值点的影响

引入 P_i、P 之间的夹角余弦作为空间布局的一种量度，通过投影进行测量，则不同站点相对于点 P 的方位对估值 P 的影响可以表示为：

$$a_i = \frac{\sum\limits_{d_j \in C^*} D_j (1 - \cos\angle P_j P P_i)}{\sum\limits_{d_j \in C^*} D_j}$$

式中，C^* 表示选定的信息圆（搜索半径 r 包括的）范围。

$$\cos\angle P_j P P_i = \frac{(x - x_i)(x - x_j) + (y - y_i)(y - y_j)}{d_i d_j}$$

由于 $-1 \leqslant \cos\theta \leqslant 1$，因此 $0 \leqslant a_i \leqslant 2$。如果 P_i 和其余测站大都在 P 的同一方向，则 $(1 - \cos\theta)$ 约为 0，表明此时 P_i 对 P 点的值的影响完全由距离决定，而与方向无关；如果 P_i 在其他测点的相反方向上，则 a_i 约等于 2，表明方向影响达到最大。

因此，给出综合考虑方位和距离的权重函数：$W_i = D_i(1 + a_i)$。

6.1.3.2 降水估计

在估计降水时，对参与估值的站点的降水与海拔高程进行加权最小二乘回归分析：

$$\frac{P_1 - P_2}{P_1 + P_2} = \beta_0 + \beta_1 (Z_1 - Z_2)$$

式中，P_1 和 P_2 为搜索半径内任意两点的观测值，Z_1、Z_2 为测点海拔；β_0、β_1 为回归方程系数。最终建立插值点的降水量 P_P：

$$P_P = \frac{\sum\limits_{i=1}^{n} W_i \left(P_i + \frac{1 + f}{1 - f} \right)}{\sum\limits_{i=1}^{n} W_i}$$

式中，$f = \beta_0 + \beta_1 (Z_p - Z_i)$。要求 $|f| < 1.0$，并规定当 $|f| > 0.95$ 时，$|f| = 0.95$。

由此得出漾濞县年降水量分布如图 6.4 所示。

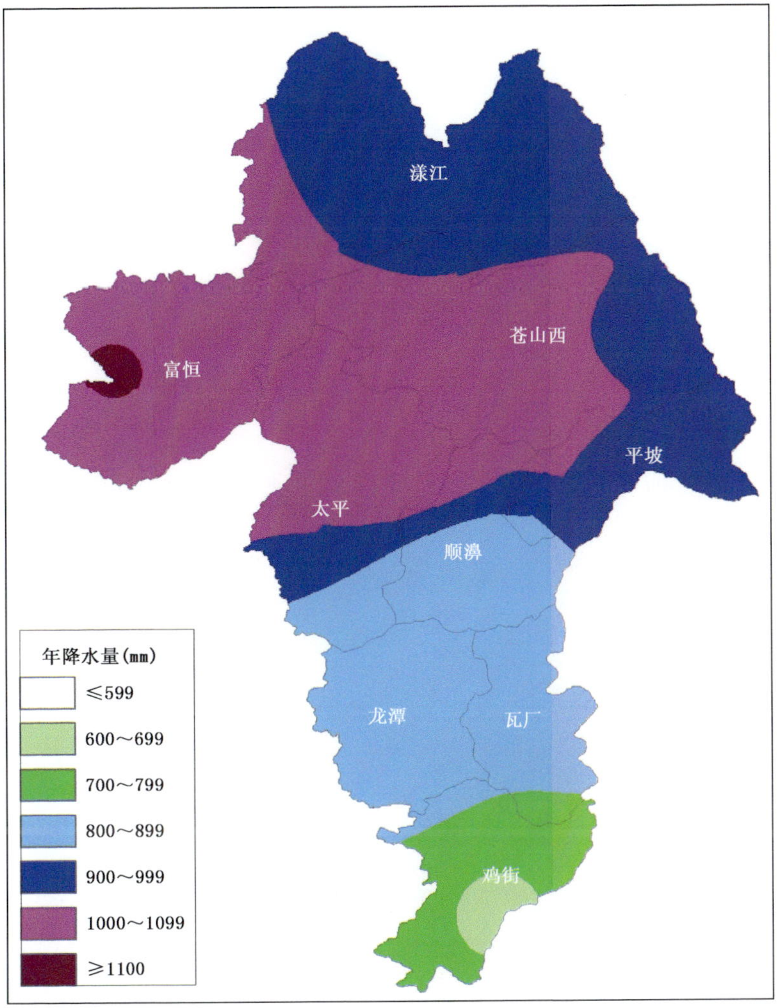

图 6.4 漾濞县年降水量分布

6.1.4 不低于 0℃、10℃、15℃活动积温

积温是研究作物生长发育对热量要求、评价热量资源、合理安排作物布局和进行农业气候区划的一种指标。将气象站的海拔高度、经纬度建立积温推算模型，进而将各网格点上考虑坡度、坡向、地形遮蔽及坡地反射的太阳总辐射代入推算模型，就可获得漾濞县不低于 0℃、10℃、15℃活动积温和有效积温分布模型(图 6.5 至图 6.7)。

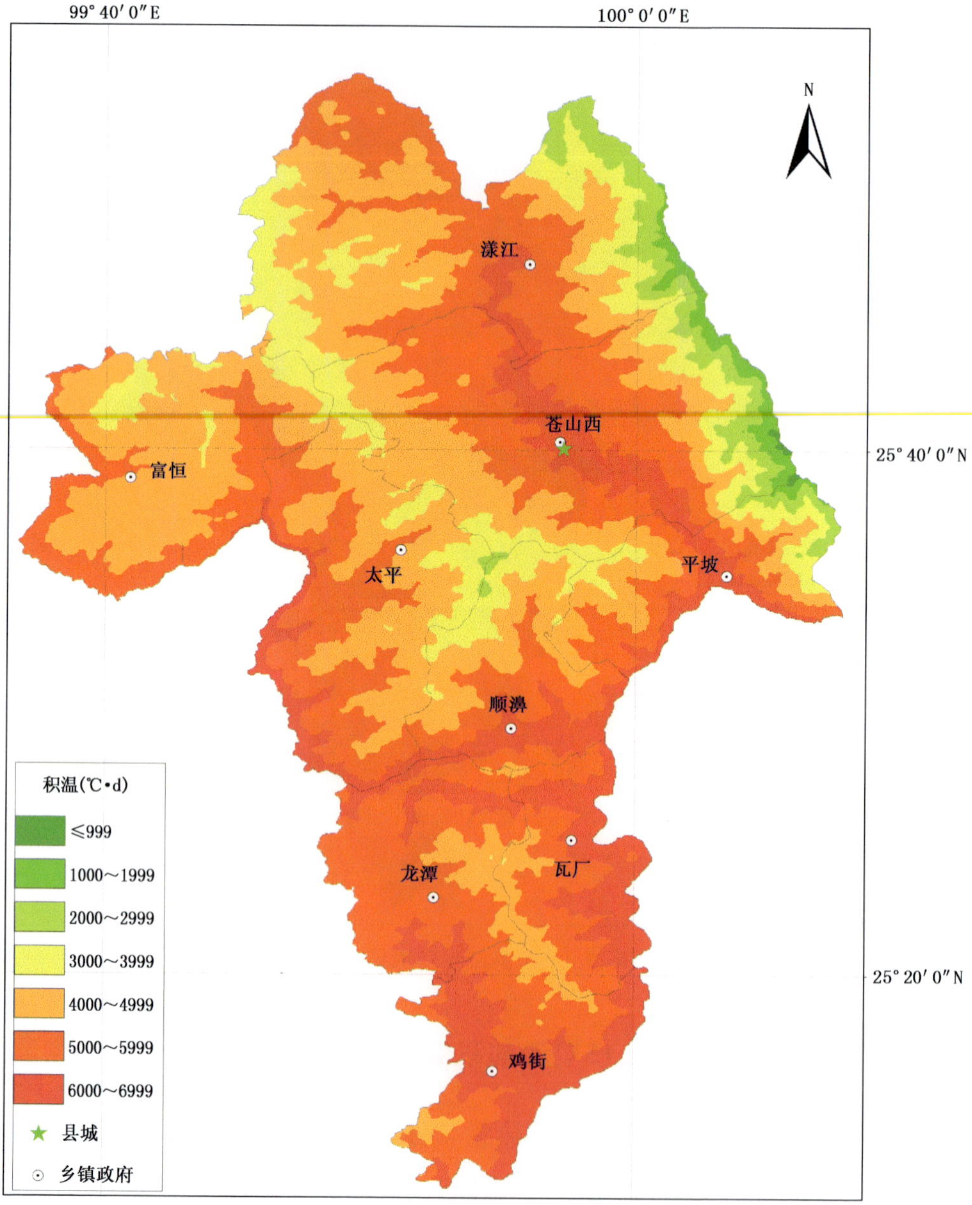

图 6.5 漾濞县不低于 0℃积温分布

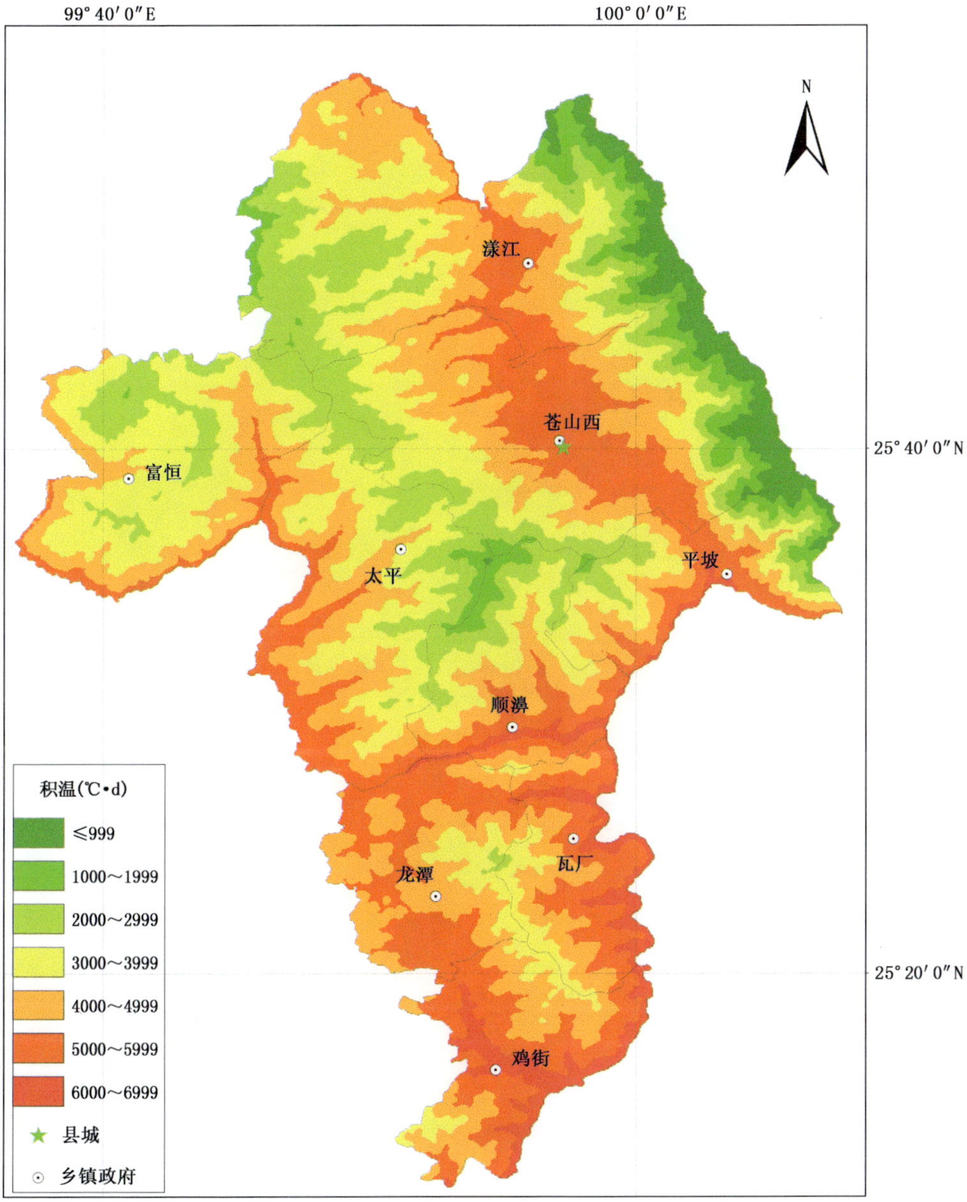

图 6.6 漾濞县不低于10℃积温分布

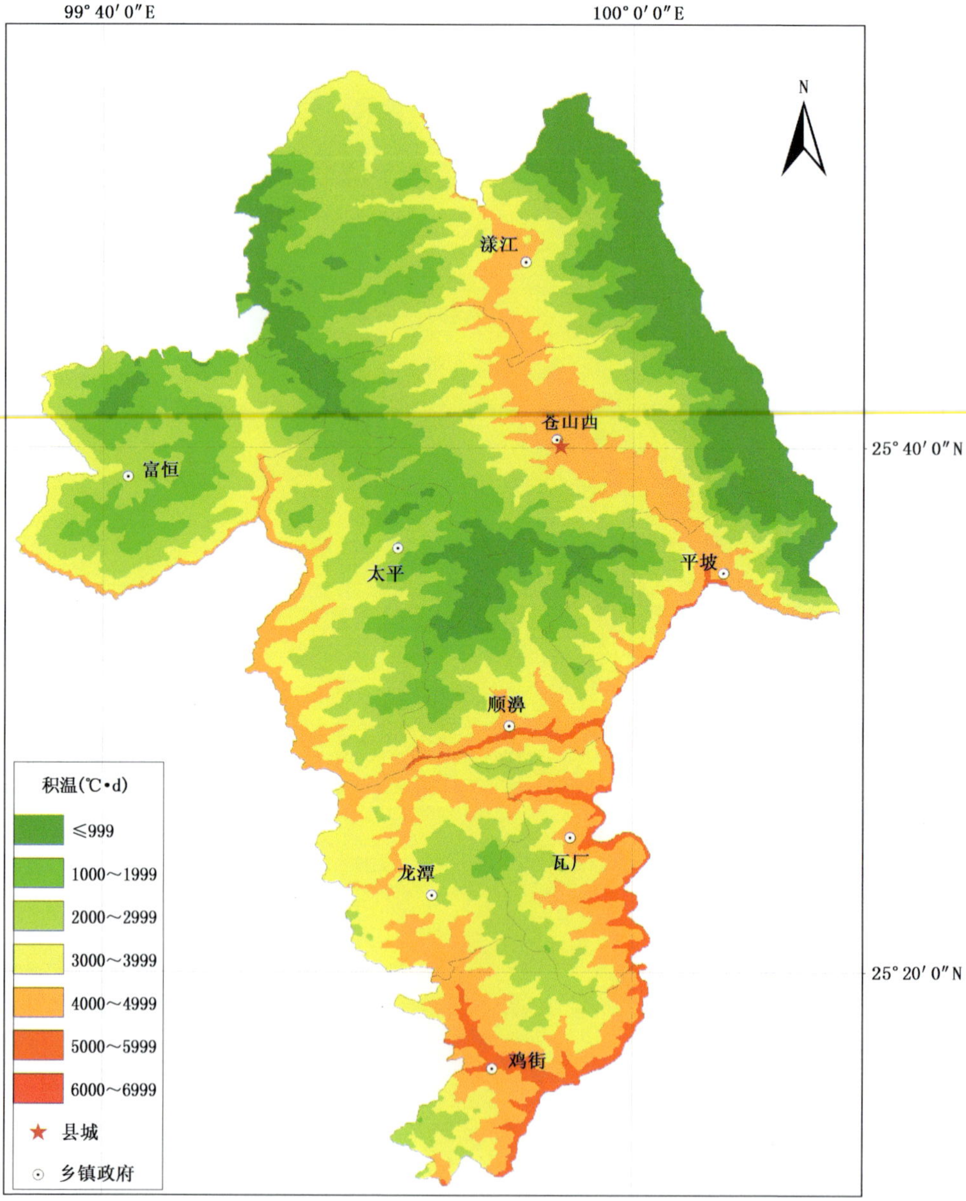

图 6.7 漾濞县不低于 15℃积温分布

6.2 漾濞县核桃种植区划指标推算

6.2.1 区划因子1(海拔高度)

漾濞县山地面积占全县总面积的98.4%,广大山区均适宜发展核桃产业,但由于受立体气候的影响,生长在不同海拔高度的同一品种,其产量和质量的差异很大,因此,选择适宜的海拔高度发展核桃能提高核桃质量和产量。云南省林业科学院漾濞核桃研究院成立50多年来,专业从事核桃、山核桃科学研究和技术推广。核桃研究院通过对苍山西坡不同海拔高度的观测点核桃生长情况及产量的研究得出结论:海拔1800～2200 m范围内生长的核桃长势较好,发育正常,病虫害少,产量高,质量好;海拔低于1600 m,长势较差,病虫害尤其是金龟子和刺蛾危害较重;海拔高于2400 m,生长不正常,经常受到冻害影响,树势弱,结果少且质量差。由此确定了适宜核桃生长的海拔高度。

6.2.2 区划因子2(年平均气温)

植物的生命活动在一定的温度范围内才能进行,在维持生命的条件下才进行生长,在生长达到一定量的有机物质积累时,才能通过各生育期和完成全生育期,所以,保证发育的温度一定在生存温度范围之内。任何植物都有维持生存、保证生长和发育的三种温度范围。维持生存的温度范围最大,一般在－10～50℃之间;保证生长的温度范围次之,在5～40℃之间;保证发育的温度范围最窄,在10～35℃之间。

对于生物生长发育而言,常用三基点温度来表征作物对环境温度的反应。每种作物在整个发育期或某个生育期,都有一个下限温度,即开始生活、生长或发育的生物学最低温度;同时还有一个上限温度,即由于温度过高而停止生长发育的生物学最高温度;作物生命活动旺盛,生长发育最佳的温度，称为生物学最适宜温度。这三个基本温度统称为作物生育的三基点温度。在最低温度以下和最高温度以上，作物生命活动受到抑制，甚至完全停止，再继续增高或降低，作物就会受到伤害或死亡，达到致死温度。三基点温度并不是一个固定的温度值，而是一个温度范围。因作物起源于不同的地理环境和气候条件，生物学特征就不一样，所以三基点温度随作物的种类、品种、发育期、生理生态条件的不同而有一定的差异。

由于年平均气温的测量需要配套的气象站，而条件有限气象站数量有限，因此，只能根据气象资料与海拔高度进行结合来确定适宜核桃生长的年平均气温。

6.2.3 区划因子3(年降水量)

核桃的生长发育需要大量的水分，尤其是果实发育期要有充足的水分供应，土壤过度干旱，常会引起大量落花落果或叶片凋萎，从而减少营养物质的制造和积累。漾濞核桃是雄先型，雌雄花期相遇天数少，因为3月底或4月初开花散粉时，往往都是晴朗的天气，所以即使相遇天数少，也基本上能完成授粉。但如果在这段时间遇到连阴雨，就会降低授粉概率，造成减产。5—6月份是核桃的快速生长期，对水分的需求量大，但是如果在这段时间遇到大旱，就会使核桃个头生长不足。等到雨季突然来临，核桃突然大量吸水，就会有一部分核桃青皮出现裂痕，在修复伤痕的这段时间内，核桃果的个头生长缓慢。以上情况最终会导致核桃果个头偏小。如果雨量偏多会导致日照时数偏少，核桃病害严重，从而导致核桃树出现提前落叶的情况，树体营养物质积累不足，影响明年的产量。漾濞核桃主产区降水量一般在800～1000 mm，如果分布均匀，一般能满足核桃生长发育的需要。

7 漾濞县核桃气候适宜性区划结果

7.1 海拔高度气候适宜性

漾濞境内最高点为东北部点苍山马龙峰，海拔 4122 m，最低点在南境羊街河入漾濞江的汇流处，海拔 1174 m，地势由北向南渐次降低。北部山势陡峻，岭谷高差在 2000 m 以上，南部山势平缓，岭谷高差小于 2000 m。核桃的适宜生长海拔高度为 1000～3000 m，因此，除了东北部海拔高度高于 3000 m 的苍山外，漾濞其余地区均适宜核桃的生长发育。

7.2 年平均气温气候适宜性

根据漾濞县一般气象站多年数据来看，全县多年平均气温为 16.4℃。从全县建设的 11 个区域自动站年平均气温来看，相对较低的地区为太平 12.5℃、光明 14℃、富恒 14.4℃；相对较高的地区为鸡街 18.3℃、顺濞 18.3℃、平坡 18℃，均属于核桃的适宜生长区。就能监测到的年平均气温数据来看，漾濞境内均属于核桃的适宜生长区。

7.3 年降水量气候适宜性

根据漾濞县一般气象站多年数据来看，全县多年平均降水量为 1029.1 mm。从全县建设的 11 个区域自动站年平均降水量来看，较多的地区为太平 1090.8 mm、苍山西 1043.5 mm、富恒 1100.1 mm;较少的地区为瓦厂 866.1 mm、龙潭 855.5 mm、鸡街 697.3 mm,总体呈现出北多南少的趋势。但就核桃生长来看,均属于核桃生长的适宜区。如果降水量分布均匀,一般能满足核桃生长发育的需要。

7.4 漾濞县核桃种植气候适宜性

最适宜区:主要分布在光明、秀岭—白章沿线、太平乡、龙潭乡,海拔在 1800～2200 m,年平均气温在 12.4～15.0℃,年平均降水量在 800～1000 mm的地区,均属于核桃的最适宜生长区。此区域生产的核桃产量较高,果质较好。

适宜区:主要分布在富恒乡、太平乡、顺濞镇,海拔在 1600～1800 m 或 2200～2400 m,年平均气温在 12.0～12.4℃或 15～16.5℃,年平均降水量在 700～800 mm 或 1000～1100 mm 的地区。此地区相对于最适宜区产量偏少、果质稍差。

次适宜区:主要分布在龙潭乡、瓦厂乡、鸡街乡南部三乡,此地区海拔偏低,气温偏高、年降水量偏少,能种植核桃,但出产的核桃产量偏少、果质较差。

不适宜区:主要分布在东北部海拔较高的苍山西部,此地区海拔太高,气温较低,冬季会下雪,不适宜核桃的生长。

如图 7.1 所示。

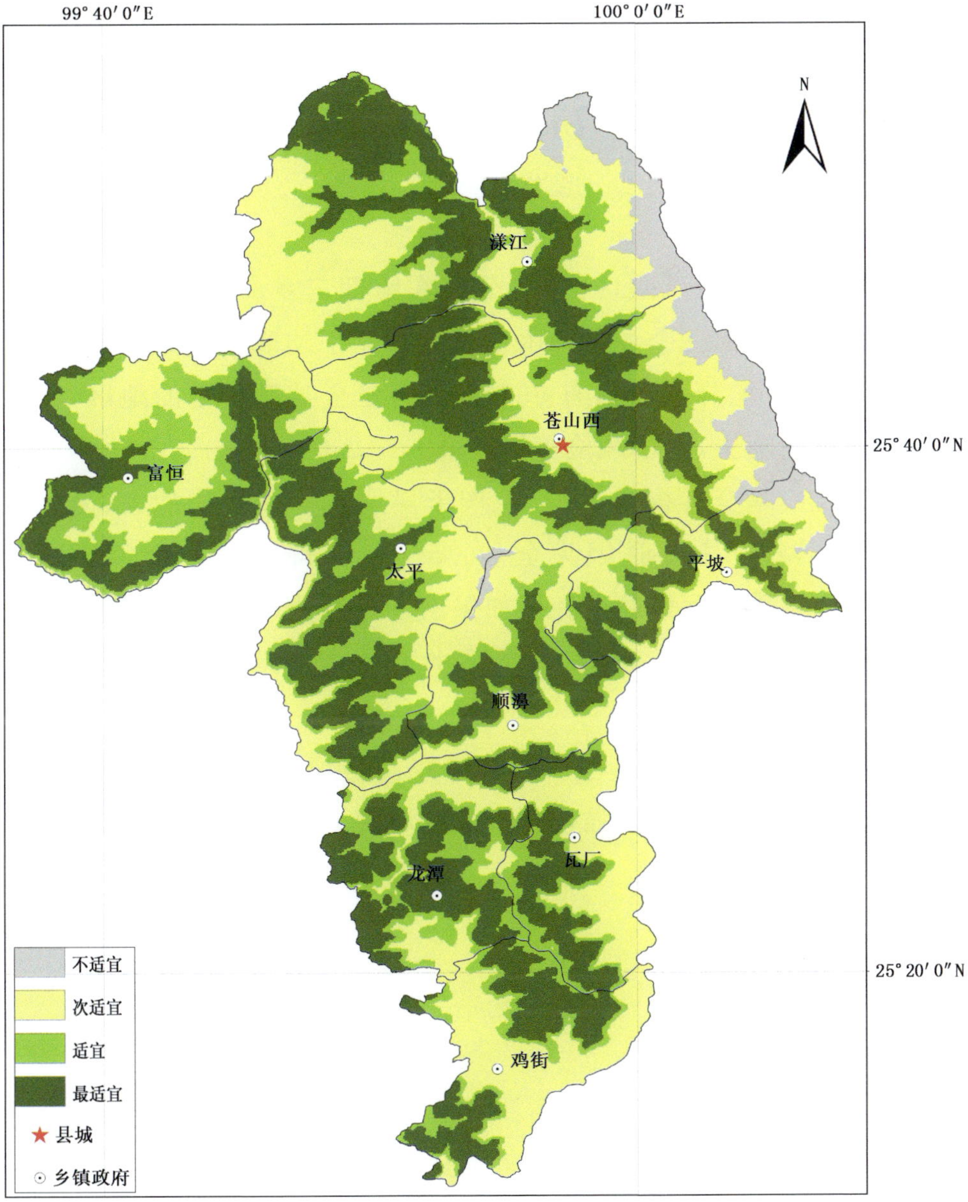

图 7.1 漾濞县核桃气候适宜性区划

8 漾濞县核桃干旱风险区划

高风险区和次高风险区：主要分布在南部三乡。漾濞降水量呈现北多南少的特点，南部三个乡镇降水量是全县年平均降水量最少的地方，特别是鸡街乡年平均降水量只有 697.3 mm，是全县最干旱的地区，同时还是以山地、坡地为主，干旱风险等级较高。

中风险区：是全县核桃生长、生产干旱风险等级面积最大、分布最广的一种风险等级。主要是因为全县。5—10 月降雨量占全年降雨量的 89.2%，导致冬季降雨量偏少。但如果前期库塘蓄水足够，能够保证冬季核桃的需求，则干旱风险较低，如果蓄水不足，则风险较高，因此，此区域核桃干旱风险等级为中等。

低风险区：主要分布在苍山西坡沿线及富恒乡，此区域降水量较多，土地保水、持水能力相对较强，因此，此区域的干旱风险等级较低。

如图 8.1 所示。

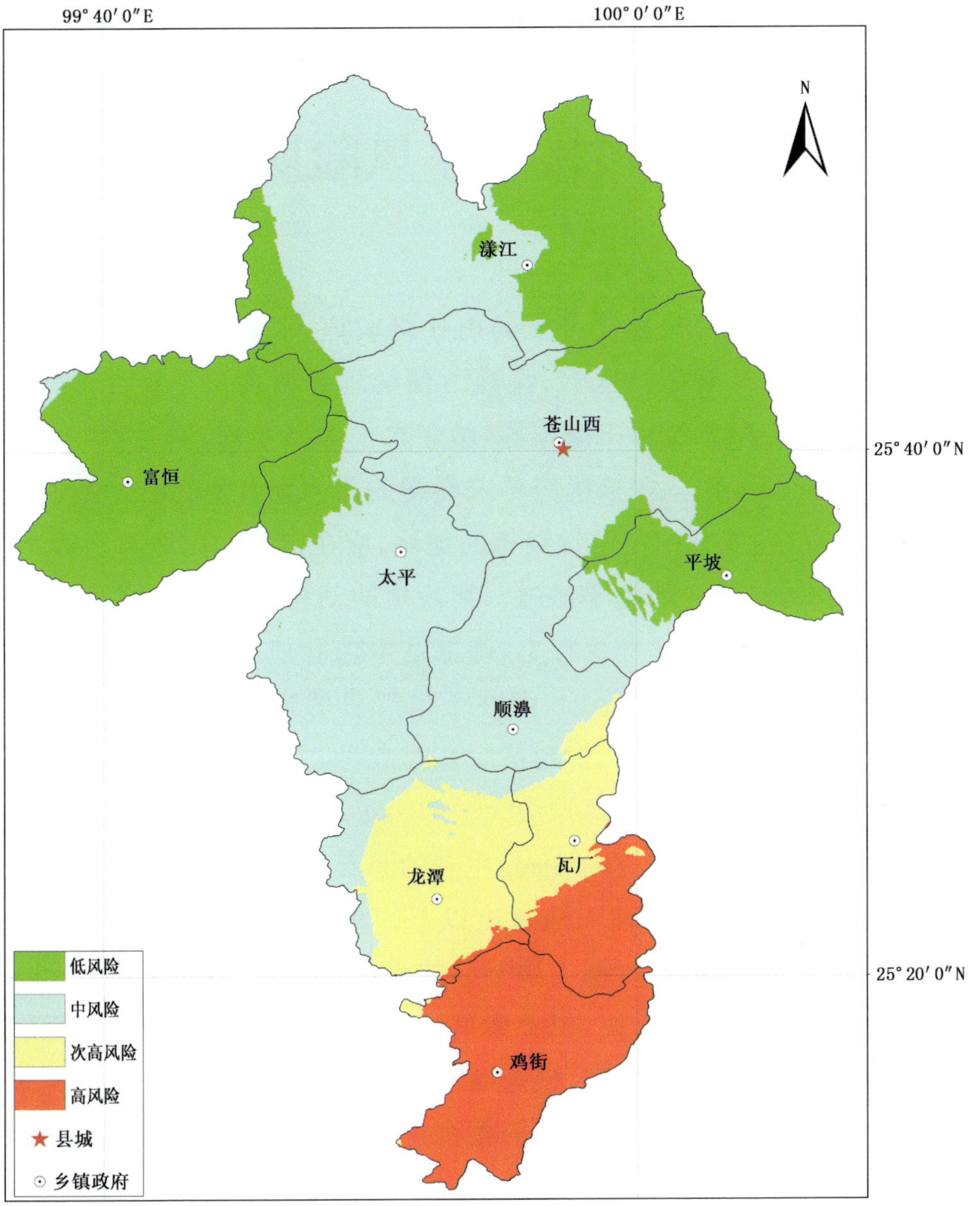

图 8.1　漾濞县核桃干旱风险区划

9 漾濞县核桃干旱风险防控对策建议

(1)选择背风向阳、排灌方便的山丘缓坡地、平地建立核桃园。建立核桃园一定要选择有灌溉水源,排灌方便的地点。确保旱能灌、涝能排。在坡地上建园必须修筑梯田撩壕等,做好水土保持工程;同时做好山地核桃基地水利配套工作。按核桃树冬末春初的需水量计算,每公顷建15口20 m^3 的水窖,在能开挖定植沟栽植的地块,应在定植沟内埋下滴管。

(2)对新栽植幼树的抗旱措施。新栽植的幼树根系少而弱,抗旱能力差,要提高苗木的成活率和保存率,确保苗木茁壮成长,抗旱保苗是关键。栽植核桃苗一般在立春节令前,但在干旱严重的地方可在雨季栽植。在雨季栽植,栽植前剪去叶片,挖起苗后及时栽种,并且在阴雨天操作,成活率高。在干季栽植,定植时每株浇50～80 kg定根水,每株覆盖1块1 m^2 的农用地膜,膜中心剪成直径6 cm左右的小孔,苗干由其中穿过,落地后小孔用细土盖上,膜四周埋入地表土以下。种植后当发现有旱情时要及时浇(灌)水保苗,之后每年视土壤干旱的程度不定期浇(灌)水,特别是在冬春干旱和初夏干旱的时期,视土壤旱情适时浇(灌)水,防止干旱死苗。

(3)对结果树的抗旱管理,根据漾濞县冬春少雨,常有冬春连旱、初夏干旱的特点,适时浇(灌)水,有利于核桃正常生长发育、开花结果,提高产量和质量。浇(灌)水的时期一般有两个时段,一个是在3—4月,此期核桃开始发芽、抽枝、展叶、开花,对水的需求量较大,但此时多数年份正值春旱,此时结合施肥进行浇(灌)水,效果较好。另一个是5—6月,此期正值核桃新梢迅速生长,雌花受精后果实迅速发育膨大,雌花开始分化和形成，对水的需求量较大。此时如果雨季开始迟，出现干旱，需及时浇（灌）水。灌水按照方便、实用、节约用水的原则，一般在有水源的地方用管道引水浇灌；在没有水源的地方，则用人、畜运水浇灌。

参考文献

程德瑜，高安，古建泉，等，1994. 农业气候学[M]. 北京：气象出版社.

程晓建，黄坚钦，郑柄松，等，2002. 山核桃研究进展[J]. 浙江林业科技，22(3)：19-23.

董润泉，1998. 不同海拔高度带的云南核桃生长发育状况观测[J]. 云南林业科技(2)：39-43.

董润泉，2002. 美国薄壳山核桃果实发育研究[J]. 云南林业科技(3)：66-70.

董艳丽，房淑波，霍永丰，2008. 干旱气象灾害对农作物的危害[J]. 农民致富之友(6)：20.

段红喜，张志华，2004. 我国核桃生产概况、问题及发展途径[J]. 果农之友(1)：4-5.

封志明，杨艳昭，丁晓强，等，2004. 气象要素空间插值方法优化[J]. 地理研究，23(3)：357-364.

冯平，李绍飞，王仲任，2002. 干旱识别与分析指标综述[J]. 中国农村水利水电(7)：13-15.

冯晓云，王建源，2005. 基于 GIS 的山东省农业气候资源及区划研究[J]. 中国农业资源与区划，26(2)：60-62.

傅抱璞，虞静明，卢其尧，1996. 山地气候资源与开发利用[M]. 南京：南京大学出版社.

郭传友，黄坚钦，方严明，2004. 山核桃研究综述及展望[J]. 经济林研究，22(1)：61-63.

国家标准局，1988. 核桃丰产与坚果品质：GB 7907—1897[S].

韩湘玲，1998. 农业气候学[M]. 太原：山西科技出版社.

李凤云，王玉山，王升国，等，2009. 70 cm 温度与百叶箱温度的差异分析[J]. 安徽农业科学，37(33)：16670-16671，16675.

李新，程国栋，卢玲，2000. 空间内插方法比较[J]. 地球科学进展，15(3)：260-265.

李一帆，江莎，陈旭辉，2006. 胡桃科植物研究进展[J]. 内蒙古农业大学学报，27(3)：148-152.

骆咏，傅松玲，张良富，等，2008. 海拔高度对山核桃生长与产量的影响[J]. 经济林研究，26(1)：71-73.

宋连春，邓振镛，董安祥，等，2003. 干旱[M]. 北京：气象出版社.

屠其璞，翁笃鸣，1978. 超短序列气象资料订正方法的研究[J]. 南京气象学报(1)：59-67.

王馥棠，冯定原，张宏铭，等，1987. 农业气象预报概论[M]. 北京：农业出版社.

王书裕，1984. 我国作物冷害研究的进展[J]. 气象科技(4)：75-79.

王宇，等，1990. 云南省农业气候资源及区划[M]. 北京：气象出版社.

王宇，等，2005. 云南山地气候[M]. 昆明：云南科技出版社.

王远皓，王春乙，张雪芬，2008. 作物低温冷害指标及风险评估研究进展[J]. 气象科技，36(3)：

310-315.

魏瑞江,姚树然,王云秀,2000.河北省主要农作物农业气象灾害灾损评估方法[J].中国农业气象,21(10):27-30.

杨文衡,1984.我国的核桃[J].河北农业大学学报,7(2):1-9.

杨晓光,于沪宁,2006.中国气候资源与农业[M].北京:气象出版社.

杨源,2001.云南核桃[M].昆明:云南科技出版社.

杨源,2009.核桃丰产栽培新技术[M].昆明:云南科技出版社.

周明昆,张成稳,樊在斗,2011.大理州山地日照时间的时空分布特征[J].气象与环境科学(3):61-66.

朱以维,张玉华,王永平,2011.大理州核桃主要气象灾害及防御措施[J].云南农业科技(1):4-7.